Anne Breyer

Schmunzel-Keramik

Lustige Tiere selbstgetöpfert

Frech-Verlag Stuttgart

Auflage: 7. 6. 5. 4. 3. | Letzte Zahlen
Jahr: 2001 2000 99 98 97 | maßgebend

frechverlag GmbH + Co. Druck KG, 70499 Stuttgart

ISBN 3-7724-1717-5 · Best.-Nr. 1717

Druck: frechverlag GmbH + Co. Druck KG, 70499 Stuttgart

Schmunzelkeramik ist, ...
...wenn es was zu lachen gibt!
Und bremsende Kühe, Krokodile mit Zahnschmerzen, zitternde Schweinchen und verführte Schlangen sind wahrhaftig zum Lachen!
Sie finden am Anfang dieses Buches auf vier Seiten genaue Schritt-für-Schritt-Anleitungen, die Ihnen das Nacharbeiten erleichtern. Dort sind die beiden Techniken erklärt, in denen alle Schmunzeltiere hergestellt sind:
Das Modellieren mit Hohlkugeln und das freie Modellieren.
Die Angaben bei den einzelnen Viechereien beziehen sich auf die Tonfestigkeit; beachten Sie die Hinweise auf den Verpackungen. Handelsüblicher Ton muß heute eigentlich nicht mehr geschlagen werden;
Sie sollten Ihr Material dennoch kurz durchkneten, um Lufteinschlüsse zu verhindern. In Plastikfolie eingewickelt, trocknet Ihr Ton auch in den Arbeitspausen nicht aus.
Die Figuren müssen zwei bis drei Wochen durchtrocknen; achten Sie auf möglichst niedrige Raumtemperaturen, damit Ihr fertiges Werk keine Risse bekommt.
Wenn Sie selbst keinen Brennofen besitzen, können Sie Ihre Schmunzelkeramik zum Schrühbrand (960 °C) in den Handel bringen – diesen Service bieten mittlerweile viele Geschäfte an.
Bei der Glasur können Sie zwischen Fertigglasuren und Pulverglasuren zum Anrühren wählen.
Nach dem Glasurbrand bei 1060 °C sind Ihre lustigen Viecher fertig, ...damit es was zu lachen gibt.!
Übrigens: Sie finden in diesem Buch ganz sicherlich auch Anregungen für das Arbeiten mit lufttrocknender Modelliermasse, die es im Fachhandel in verschiedenen Farben gibt. Lassen Sie sich beraten.

Und nun viel Spaß beim Modellieren und Schmunzeln!

Ihre Anne Breyer

Modellieren mit Hohlkugeln

Schritt-für-Schritt (vgl. Seite 6)

Der Körper der Gans wird aus einer Hohlkugel geformt; dazu arbeiten Sie zwei Halbkugeln mit einer Wandstärke von ca. 1,5 cm.

Diese beiden Halbkugeln setzen Sie zusammen und verstreichen die Verbindungsnaht sorgfältig mit dem Daumen.
Um eine wirklich gleichmäßige Form zu erhalten, klopfen Sie die Kugel anschließend mit einem Holzkochlöffel ringsherum glatt.

In die untere Seite der Kugel schneiden Sie mit dem Messer ein Loch für den Luftabzug. Das ist **sehr** wichtig, denn sonst zerplatzt Ihre Kugel im Brennofen.
Mit Daumen und Zeigefinger wird aus dem hinteren Teil der Kugel der Schwanz herausgezogen.

Aus kleinen Tonstücken modellieren Sie nun die Füße der Gans. Die Ansatzstellen werden mit einem Zahnstocher aufgerauht und mit Schlicker, einem Brei aus Ton und Wasser, bestrichen.
Sie sollten die Ansatzstellen sorgfältig verstreichen.

Den Hals und den Kopf formen Sie aus einer Tonrolle. Er wird vorsichtig in Form gebogen und an den Körper geschlickert.
Die Konturen für den Schnabel und die Augen werden mit einem Modellierholz in den Ton gedrückt.

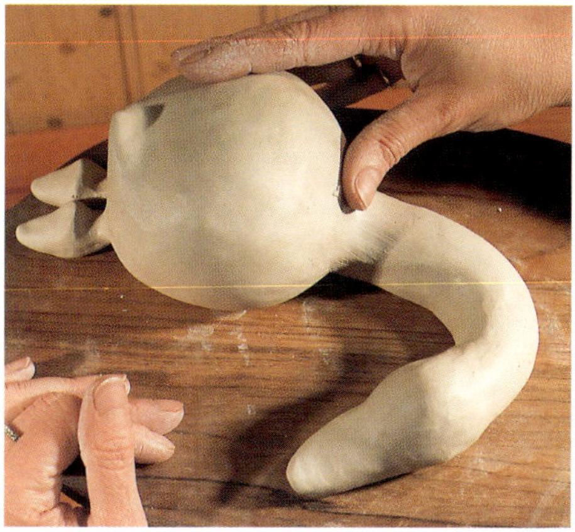

Zum Schluß rollen Sie mit einem Nudelholz eine Tonplatte aus.
Die Form der Flügel aufzeichnen und mit einem Messer ausschneiden. Nachdem Sie die Schnittkanten geglättet haben, setzen Sie die Flügel an den Körper und verstreichen den Teil, der an den Hals grenzt.

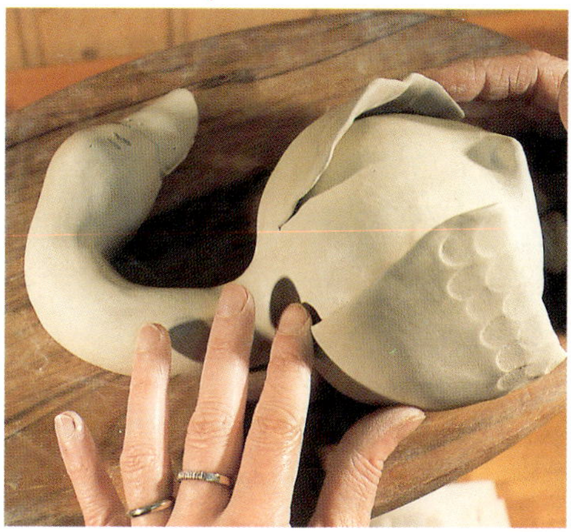

Fernweh

Weißer Ton. 0,5 mm
25%

Glasuren: Gelbbraun
Braun matt

Aus einer Hohlkugel modelliert

Käse-Gelehrte

Brauner Ton: 0,5 mm
25%

Glasuren: Selenrot
Zinnweiß
Braun matt

Frei modelliert

Die Brille wird aus dünnem Kupferdraht gebogen.

Freies Modellieren

Schritt-für-Schritt (vgl. Seite 7)

Der Körper der Maus wird aus einem Stück Ton in Tropfenform modelliert. Für den Ansatz des Kopfes schneiden Sie den oberen Teil des „Tropfens“ ab.

Aus einem zweiten Tonstück rollen Sie eine Kugel für den Kopf und ziehen mit Daumen und Zeigefinger das Näschen heraus. Dann wird der Kopf an den Körper angeschlickert, die Ansatzstellen werden verstrichen.

Zwei kleine „Tontröpfchen“ drücken Sie flach und schlickern sie als Füßchen an den Körper an.

Die Arme werden aus einer dünnen Tonrolle geformt, an den Körper gesetzt und verstrichen. Aus einer noch dünneren Tonrolle biegen Sie den Schwanz der Maus und schlickern ihn an.

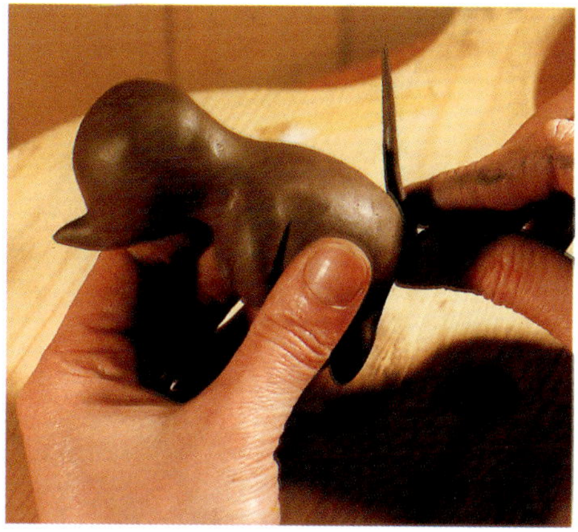

Plattgedrückte Tonkugeln werden zu Ohren. Nun bekommt die Maus noch eine Mütze aus einem Tontröpfchen: Rauhen Sie dazu den Kopf zwischen den Ohren auf, und bestreichen Sie diese Stelle mit Schlicker.
Dann setzen Sie die Mütze fest auf.

Die Augen der Maus drücken Sie mit einem großen Strohhalm ein, die Konturen der Nase und des Mundes werden mit dem Modellierholz gezogen.
Die zwei Löcher für die Brille werden mit einem Schaschlikstab eingedrückt.

Au Backe!

Brauner Ton:	0,5 mm 25%
Glasuren:	Zinnweiß Braun matt

Frei modelliert

Schäfchenweich

Brauner Ton:	0,5 mm 25%
Glasuren:	Zinnweiß Braun matt

Aus Hohlkugeln gearbeitet

Zwei Schlecker-mäulchen

Brauner Ton: 0,5 mm
25%

Glasuren: Zinnweiß
Braun matt
Gelbbraun

Frei modelliert

Meine Spuren im Sand...

Gelber Ton:	0-1 mm 25%
Glasuren:	Braun matt Gelbbraun

Frei modelliert

Heut ist nicht mein Tag

Brauner Ton:	0,5 mm 25%
Glasuren:	Zinnweiß Braun matt Gelbbraun

Frei modelliert

Besser auf als in der Pfanne

Gelber Ton: 0-1 mm
25%

Glasuren: Zinnweiß
Braun matt

Frei modelliert

Verführerisch, verführerisch...

Brauner Ton: 0,5 mm
25%

Glasuren: Zinnweiß
Braun matt
Gelbbraun

Frei modelliert

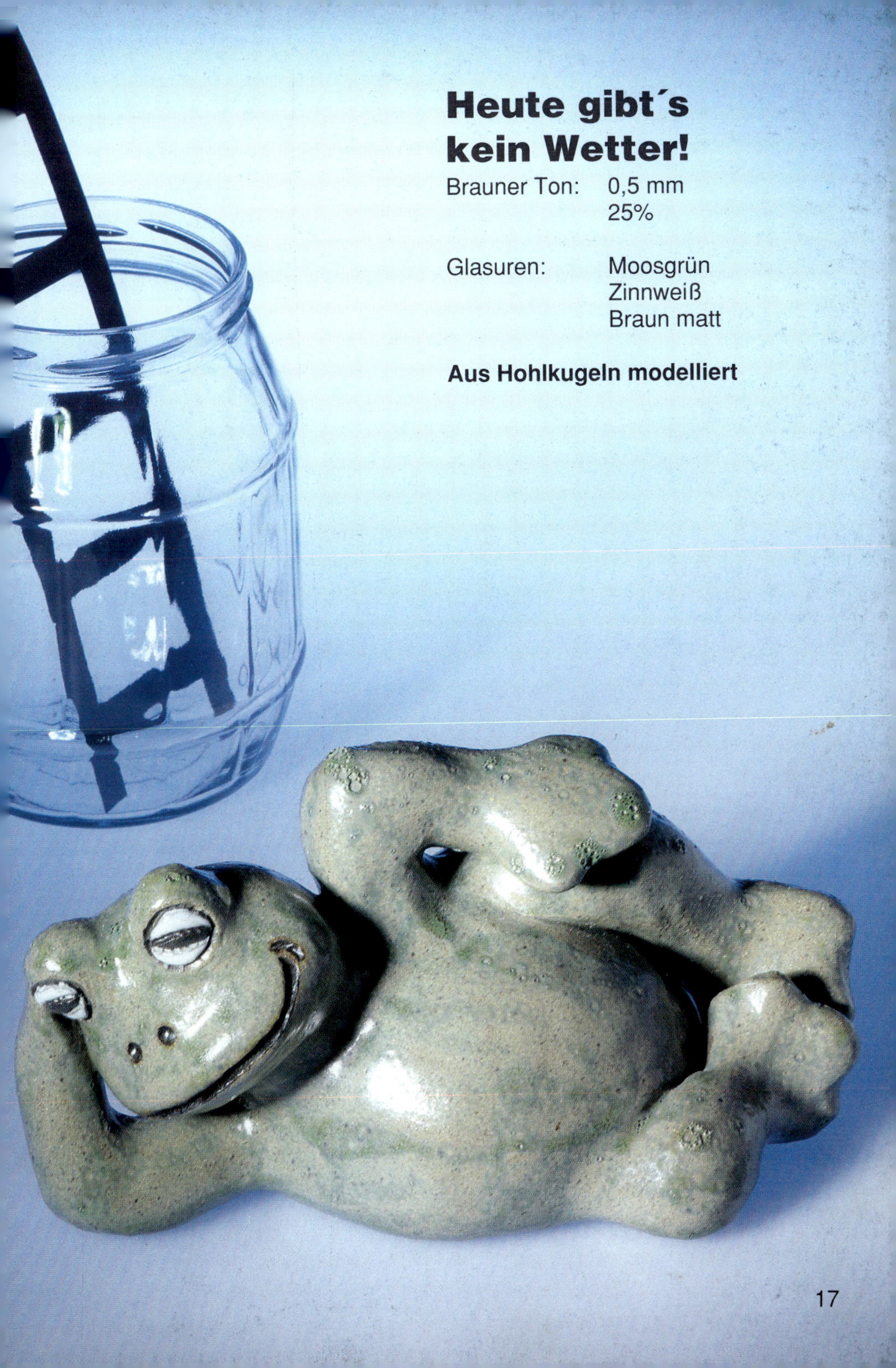

Heute gibt´s kein Wetter!

Brauner Ton:	0,5 mm 25%
Glasuren:	Moosgrün Zinnweiß Braun matt

Aus Hohlkugeln modelliert

Rüsselruhe

Brauner Ton: 0,5 mm
25%

Glasuren: Zinnweiß
Braun matt
Gelbbraun

Frei modelliert

Ausgebremst

Brauner Ton:	0,5 mm 25%
Glasuren:	Zinnweiß Braun matt Gelbbraun

Frei modelliert

Bi.., bi...bitterkalt!

Brauner Ton:	0,5 mm 25%
Glasuren:	Pfauenblau Moosgrün Zinnweiß Gelb Braun matt

Frei modelliert

Eisige Familienidylle

Brauner Ton:	0,5 mm 25%
Glasuren:	Gelbbraun Braun matt

Frei modelliert

Hier fresse ich

Brauner Ton:	0,5 mm
	25%
Glasuren:	Gelbbraun
	Braun matt
	Zinnweiß

Frei modelliert

Schweine-Schnarcherei

Gelber Ton: 0 - 1 mm
25%

Bei dieser Figur wurde auf Glasuren gänzlich verzichtet.

Frei modelliert

Hadu was zu lesen?

Brauner Ton: 0,5 mm
25%

Glasuren: Zinnweiß
Gelbbraun
Braun matt

Frei modelliert

Bummelbären

Brauner Ton:	0,5 mm 25%
Glasuren:	Gelbbraun Braun matt Zinnweiß

Frei modelliert

Ich wollt, ich wär ein Ei

Weißer Ton: 0-1 mm

Glasuren: Selenrot
Weiß glänzend
Gelb

Aus einer Hohlkugel modelliert

Meister Lampe

Brauner Ton:	0,5 mm 25%
Glasuren:	Braun matt Gelbbraun

Aus Hohlkugeln modelliert

Das Fell wird mit einem Zahnstocher eingeritzt.

Nahtlos braun

Brauner Ton:	0,5 mm 25%
Glasuren:	Gelbbraun Braun matt

Frei modelliert

Küß mich – ich bin ein Prinz!

Brauner Ton:	0,5 mm 25%
Glasuren:	Moosgrün Braun matt Zinnweiß

Aus Hohlkugeln modelliert

Katzenträume

Weißer Ton:	1 mm
	25%
Glasur:	Dunkelbraun matt

Aus Hohlkugeln modelliert

Hier sind nur die Nase und die Barthaare glasiert; der Katzenkörper wird nach dem Trocknen mit rotem Schlikker eingestrichen. Lassen Sie den Mäusejäger vor dem Schrühbrand dann nochmals 24 Stunden trocknen.

Der Weisheit letzter Schluß

Brauner Ton:	0,5 mm 25%
Glasuren:	Gelbbraun matt Zinnweiß Dunkelbraun matt

Aus einer Hohlkugel modelliert

Im frechverlag sind zahlreiche andere Titel zum Thema „Modellieren“ erschienen. Hier eine Auswahl:

TOPP 2170

TOPP 1536

TOPP 1661

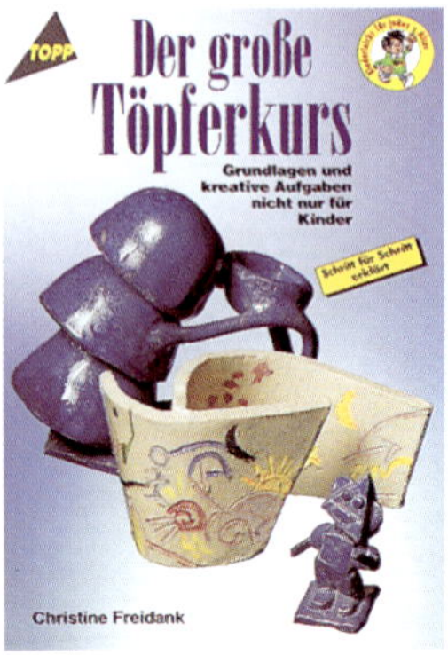

TOPP 1928

TOPP 1619

TOPP 1974